W0084675

# Heute ist ein guter Tag zu starten

Auf den Punkt gebracht

Die Erfolgsgeheimnisse des mobiheat-Gründers Andreas Lutzenberger

Andreas Lutzenberger

erschienen im 3H-Verlag

**Bibliografische Information der Deutschen Bibliothek**

Die Deutsche Bibliothek verzeichnet diese Publikation in der Deutschen Nationalbibliografie; detaillierte bibliografische Daten sind im Internet über http://dnb.ddb.de abrufbar.

Andreas Lutzenberger

Heute ist ein guter Tag zu starten - Auf den Punkt gebracht

Die Erfolgsgeheimnisse des mobiheat-Gründers Andreas Lutzenberger

| | |
|---|---|
| ISBN: | 978-3981859041 |
| Lektorat: | Cornelia Wilhelm, Nina Praun |
| Coverdesign: | Christian Chymyn |
| Coverfoto: | Lichtwerk Fotografie |
| Satz & Layout: | Daniel Reitmeier |
| Druck: | Druckerei Mayer & Söhne, Aichach |

Alle Rechte vorbehalten

1. Aufl. 2018, Augsburg

© 3 H group GmbH

URL: www.3h-verlag.de

In jeder Sekunde unseres Lebens sind wir frei, alles über den Haufen zu werfen und neu zu beginnen.

Reinhard K. Springer

# Inhaltsverzeichnis

# TEIL III
# DIE ART UND WEISE   75

# VORWORT

Braucht die Welt wirklich meine persönlichen Erfolgsgeheimnisse? Ratschläge von Andreas Lutzenberger? Es gibt schließlich so einige Bücher über unternehmerischen Erfolg und erfolgreiche Existenzgründung.

Nach unserem ersten Buch „Einfach machen. In fünf Jahren zum erfolgreichen Unternehmen – die verrückte Firmengeschichte von mobiheat", das ich zusammen mit Christian Chymyn geschrieben habe (eigentlich hat er es geschrieben, mein Beitrag war das Erzählen), bekamen wir unglaublich viel positives Feedback. Das hat uns riesig gefreut, denn dieses erste Buch fertig zu bekommen, war gar nicht so leicht – für uns beide.

Doch es gab auch Kritik. „Einfach machen" beschreibt viele Erlebnisse von mir und meinem Gründerpartner Helmut Schäffer aus unserer Sicht, mit Auszügen aus einem sehr persönlichen schwarzen Notizbüchlein, in das ich während der Zeit des

Unternehmensaufbaus geschrieben hatte. Die Kritiker waren zwar von den spannenden Geschichten berührt, hätten sich aber mehr Einsicht in unsere Überzeugungen und Erfolgsgeheimnisse erwartet und auch in unsere Biografien.

Nach dem ersten Buch war ich aber erst einmal froh, dass es überhaupt geklappt hat, dass die Leser es größtenteils richtig gut finden – und dass auch die Absatzzahlen richtig gut sind. Man ist ja schließlich weiterhin Unternehmer, und da gehören Absatz und Umsatz zum täglichen Brot. Doch die Kritiker gingen mir nicht aus dem Kopf. Immer wieder dachte ich darüber nach, ein zweites, ganz ähnliches Buch nachzuschieben, um auch die restlichen Leser zufrieden zu stellen. Aber das ist leichter gedacht als getan. Ratschläge mit einem Hauch von Biografie können schnell zu einer Art Heldengeschichte werden, die ich eigentlich gar nicht veröffentlichen wollte. Deswegen dauerte es auch eine Weile, bis ich bereit war für mein zweites Buch.

Dann startete ich mein Manuskript mit diesen Sätzen:

„Ich habe sehr früh begriffen, welche Frau mir guttut. Welche Frau die Geduld mitbringt, mit einem Chaoten wie mir zusammenzuleben, der im zarten Alter von zwanzig Jahren, als sie mich gerade erst kennengelernt hatte, schon davon sprach, eine eigene

Firma aufbauen zu wollen. Ohne meine jetzige Frau Margot gäbe es keinen mobiheat-Andreas. So viel ist sicher."

Doch dann wurde mir klar: Ein Andreas Lutzenberger, der erst 43 Jahre alt ist, eignet sich nicht als Held einer lobhudelnden Biografie.

Ich bin aber bereit, über alle anderen Punkte zu schreiben. Gerne möchte ich meine Philosophie offenlegen, die ich natürlich für die größte und beste der Welt halte. Ich möchte heiter, aber auch schonungslos, erklären, auf was es aus meiner Sicht bei einem Unternehmensaufbau ankommt. Oft sind es Widersprüche, mit denen man klarkommen sollte, und die man auch in seinem Unternehmerleben integrieren sollte: Ich bin harter Entscheider und mitfühlender Helfer, bodenständiger bayerischer Schwabe und ein verrückter Risiko-Junkie, mutiger Pionier und abwartender Taktiker. So war es und so ist es immer noch.

In diesem Buch will ich also über unsere Aktionen, unsere Strategien und unsere Art und Weise berichten. Ich selbst habe in der Zeit des Unternehmensaufbaus mehr als 70 Bücher dieser Art gelesen und kann sagen, dass ich aus jedem zumindest ein paar Tipps für mich mitnehmen konnte. Ich hoffe natürlich, dass für Sie auch in diesem Buch zumindest ein guter Ratschlag dabei ist. Und nun wünsche ich viel Spaß beim Lesen!

# TEIL I
# DIE AKTIONEN

„Die Welle der Leidenschaft kann zu einer Kraft werden, die nicht aufzuhalten ist."

# Gegenspieler attackieren

Zum Start unserer unternehmerischen Tätigkeit gab es in dem Nischenmarkt bereits einige Anbieter für mobile Heizzentralen. Der damalige Marktführer war schon mehr als zehn Jahre am Markt. Zu dem Zeitpunkt lief es bei diesem Unternehmen so gut, dass es von einem großen Energiekonzern gekauft wurde.

Und wir? Wir wollten nichts Geringeres als der Marktführer werden – obwohl wir am Anfang meilenweit von dieser Position entfernt waren. Also war für uns von Anfang an der damalige Marktführer unser Gegner in diesem Spiel. Wir waren der Newcomer, der Aufsteiger; der Marktführer war der Champions-League-Sieger. Null Euro Umsatz gegen circa 10 Millionen Euro Umsatz. 3 Mitarbeiter gegen circa 70 Mitarbeiter. Doch wir gingen mit Zuversicht in das Match: Auch Wolkenkratzer haben mal als Keller angefangen.

Ich bin mir sicher, das Gefühl, bei einer legendären

Schlacht dabei zu sein, war auch für die Motivation der mobiheat-Mitarbeiter von großer Bedeutung. Unsere Aufbruchstimmung und unsere unternehmerische Atmosphäre sowie der Enthusiasmus im Spiel gegen die etablierten Anbieter war für uns von Anfang an ein wichtiger Reizfaktor.

Wenn die Herausforderungen riesig sind und die Chancen denkbar schlecht stehen, macht es doch am meisten Spaß, eine Sache anzugehen. Sei es nur, um einem selbstgefälligen Marktführer eine Schocktherapie zu verabreichen.

Nach ein paar Jahren, als wir immer noch ein kleines Licht in unserer Branche waren, machten wir dem immer noch amtierenden Marktführer ein Übernahmeangebot. Die Geschäftsführer der Muttergesellschaft meldeten sich bei uns und wir vereinbarten auf der Internationalen Leitmesse für Heizung in Frankfurt einen Termin. Sie nahmen uns bei dem Termin sicherlich nicht ernst, und wahrscheinlich taten sie uns zu diesem Zeitpunkt auch als Spinner ab. Doch uns hat dieser Tag riesigen Spaß bereitet. Er war der Startschuss für die Idee, den Marktführer so lange zu ärgern, bis wir selbst der Marktführer sein würden.

Und nun sind wir der Marktführer. Wie das geklappt hat?

Wir machten vieles anders als unsere Mitbewerber. Und dieses „anders" schrien wir auch in den Markt hinaus. Wir starteten massive Marketingkampagnen, wir erstellten transparente Preislisten, wir vertrieben und verkauften nicht direkt, sondern über Vertriebshändler, wir ließen andere an unserem Erfolg mitverdienen, wir beteiligten uns an Zulieferern, um bessere Produkte als der Wettbewerber zu bekommen.

Gewinn interessierte uns am Anfang nicht. Wir benötigten nur so viel Gewinn, dass wir uns selbst ein bisschen Gehalt auszahlen konnten und dass wir für unser Wachstum das nötige Geld von der Bank bekamen.

Genau dieser Wettbewerbsgeist verlieh der Marke mobiheat eine moralische Autorität. Bis zu unserer Marktführerschaft hatten wir immer wieder Gespräche mit der Muttergesellschaft unseres größten Widersachers – in alle Richtungen hin. Es gab sogar Gespräche darüber, gemeinsame Sache zu machen. So war unser Gegenspieler immer wieder mit Nebensächlichkeiten, also uns, beschäftigt. Wir nutzten unsere Außenseiterrolle, wählten unsere Angriffe mit Bedacht und trafen unsere Konkurrenten dort, wo es ihnen wehtat.

Eines aber muss ich betonen: Es ist wichtig, solche Spiele nicht fies und böswillig zu spielen, sondern immer ehrlich und klar. Bis heute haben wir zu den meisten Wettbewerbern einen offenen und ehrlichen Austausch. Am Schluss liegt es auch an ihnen selbst, wie sehr sie sich mit uns und unseren Ideen beschäftigen.

*17*

Focus-Ausgabe Dez./Jan. 2015/16: Wachstums-Champion
2016 mobiheat GmbH.

# Geschichten erzählen

Wir wollten also von Anfang an schnell groß werden, und nicht lange kleine Brötchen backen. Da war es nur logisch, sich mit Werbung zu beschäftigen. Ich habe zig Bücher über dieses Thema gelesen, und dadurch gute bis sehr gute Ratschläge bekommen. Rückblickend kann ich sagen, es hat sich gelohnt, in einem Nischenmarkt, in dem wir uns bewegen, eine starke Marke zu etablieren – auch wenn es Unmengen an Geld verschlissen hat. Das simple und unstrittige Kriterium ist schlicht der Erfolg. Starke Marken binden Kunden langfristig an ein Unternehmen, und die bescheren ihm Umsatz und Wachstum. Starke Marken sind in den Köpfen potentieller Kunden präsent und positiv besetzt.

Das Einzige, was man tun kann, ist, die Weichen richtig zu stellen und zu hoffen, dass der Zug Fahrt aufnimmt. Mehr geht erst mal nicht. Dazu benötigt man Vertrauen in die eigene Idee und den Mut, zu investieren. Denn ein großer Anteil der Marketingausgaben sind wahrscheinlich umsonst.

Neben bekannten Aktionen, wie Messeauftritte, einem interaktiven Internetauftritt, Internetwerbung, Werbung in Fachzeitschriften, Presse- und Öffentlichkeitsarbeit und einem einzigartigen Produktkatalog haben wir von Anfang an versucht, Geschichten für unsere Kunden zu erzählen, um uns auch in der Werbung essentiell vom Mitbewerber zu unterscheiden.

Im Mai 2017 stellten wir pompös im besten Augsburger Hotel vor geladenen 300 Gästen inklusive Journalisten und Fernsehen unsere mobiheat-Gründungsgeschichte in Form des Buches „Einfach machen", das ich schon im Vorwort erwähnt habe, vor. In diesem Buch geht es um Geschichten, die in den ersten Jahren des Firmenaufbaus passierten: Wie alles begonnen hat, was wir alles erlebt haben; Geschichten vom Glück und natürlich von Fehltritten.

Im selben Jahr haben wir auch einen kurzen Werbefilm drehen lassen, der wie ein kleiner Kinofilm aufgebaut ist: Ein Heizungsbauer wird durch unser Produkt zum Superhelden, zum „MOBIMAN". So nennt sich übrigens auch der kleine Movie, zu sehen auf YouTube.

Mit solchen Geschichten überholen Sie in der Regel jeden Wettbewerber innerhalb von kleinen und mittelständischen Unternehmen. Denn leider bringen die wenigsten Unternehmen so viel Einsatz.

Aber der Unterschied bringt Sie auf den Thron, nicht das Normale. Beim Einsatz von Storys in der Werbung profitieren Unternehmen zusätzlich von zwei Aspekten: davon, dass Journalisten interessante Storys lieben, und davon, dass nun auch im Internet Foren für das Erzählen und Weitergeben von Geschichten, ganz jenseits der klassischen Medien, existieren.

Wer seine Marke und sein Unternehmen durch Geschichten in Position bringen will, sollte darauf achten, dass sie einer Überprüfung auf ihren wahren Kern hin standhalten, dass die Geschichten in kleinen Testläufen als interessant bewertet werden und dass die Geschichten zur Identifikation einladen und Sympathie wecken. Was ehrlich gesagt häufig bei Geschichten mit Pannen, Rückschlägen und persönlichen Schwächen eher der Fall ist als bei allzu glatten Erfolgsgeschichten.

*Buchvorstellung „Einfach machen" Mai 2017*
*v.l.n.r Andreas Lutzenberger, Christian Chymyn*
*und Helmut Schäffer beim Signieren der Bücher.*

# Im Internet punkten

Websites werden häufig aufgrund ihres Erscheinungsbildes beurteilt. Auch wir waren daher am Anfang eher geneigt dazu, hohe Summen für die Gestaltung unserer Seite www.mobiheat.de zu investieren. Hinsichtlich der Interessentengewinnung beziehungsweise der Kundengewinnung ist das Design der Website aus meiner Erfahrung jedoch von geringerer Bedeutung als zunächst angenommen. Klar ist es toll, wenn die eigene Firmenwebsite schick aussieht. Aber entscheidender ist die Frequenz auf der Website, und ob der Interessent alle seine entscheidenden Fragen beantwortet bekommt.

Der Interessent, der über die Website an das Unternehmen herantritt, braucht klare und ehrliche Antworten. Er braucht Auskunft über technische Daten, über den Preis, über die Verfügbarkeit. Viele Unternehmer haben auf ihrer Website keine konkrete Beschreibung ihrer Leistung und ihrer Preise. Wenn das Gespräch darauf kommt, wird als Grund dafür häufig angegeben, dass die Wettbewerber die Leistungen und Preise nicht kopieren können sollen. Klar kann das vorkommen, und höchstwahrscheinlich wird der eine oder andere Wettbewerber es auch tun. Doch ist es eine kluge Strategie, sich vor wenigen „Dieben" zu schützen, indem man vielen Kunden und Interessenten wichtige Informationen über die eigene Leistungsfähigkeit vorenthält? Aus unserer Erfahrung können wir sagen: Verstecken Sie keine Informationen.

Und haben Sie keine Angst vor einem eventuellen Nachmachen durch einen Mitbewerber! Es ist ja auch eines der größten Komplimente, das man als Unternehmen bekommen kann, wenn jemand anderes einen kopiert. Dieser Wettbewerber betreibt das Ganze ja nur als Kopie vom Original. Und am Schluss macht es das eigene Unternehmen doch sowieso besser.

# Die Perfektion sausen lassen

Ich sage immer: Masse statt Klasse. Das klingt jetzt nicht gerade nach Qualität. Bei einem Unternehmensaufbau und auch danach benötigt man aber laufend neue Dinge, wie zum Beispiel eine neue Preisliste, ein neues Produkt oder ein neues Marketingpaket. Klar sind auch wir immer wieder dazu geneigt, eine tolle fehlerlose Preisliste, ein perfektes Qualitätsprodukt oder ein Hammer-Marketingpaket herzustellen. Aber aus der Praxis kann ich Ihnen sagen, dass Perfektion für Unternehmer nicht ratsam ist. Dinge müssen fertig werden und in den Kreislauf kommen, und nur so geht es immer wieder weiter. Der Lebenskreislauf des Unternehmens benötigt Futter, um leben zu können.

Deshalb würde ich empfehlen, setzen Sie sich gerade bei den beruflichen und unternehmerischen Aufgaben von Anfang an ein zeitliches Limit. Versuchen Sie, innerhalb dieses Zeitrahmens das bestmögliche Ergebnis zu erzielen. Wenn unbedingt nötig, kann man danach noch eine Qualitätsprüfung und eventuell erforderliche Verbesserungen durchführen. Dann muss man aber unter diese Angelegenheit einen Schlussstrich ziehen!

Wir bei mobiheat haben die Erfahrung gemacht, dass es mehr bringt, fünf Aufgaben ganz gut zu erfüllen, als eine perfekt – und die restlichen schlecht oder gar nicht.

Wenn der Lebenskreislauf pulsiert und die einfließende Masse von Jahr zu Jahr besser wird, entsteht nach einiger Zeit ein mit Klasse bestücktes Gesamtpaket.

# Von klugen Programmen profitieren

Ich selbst bin ja davon überzeugt, dass man dem Unternehmen und den Mitarbeitern so viel Freiheit geben sollte wie nur möglich, damit jeder die Verantwortung des Unternehmens in seiner Aufgabe mitträgt. Doch wenn das Unternehmen wächst und gedeiht, wird diese Freiheit durch nicht klar definierte Routineaufgaben sehr stark beschränkt. Es entsteht dadurch Unzufriedenheit, einfache tägliche Arbeiten werden durch nachträgliche Diskussionen zu einer Erschwernis für das gesamte Unternehmen, mit Fragen wie: Stimmt denn unser Warenbestand? Haben wir das Produkt X auf Lager? Wurde alles an den Kunden verrechnet? Ist dies nicht alles geklärt, entsteht allgemeine Verunsicherung.

Bis zu einer gewissen Größe hat man all diese Fragen sowieso im Überblick. Zu Beginn reichte auch der mobiheat eine einfache Firmensoftware aus, um die Aufträge, Rechnungen und die Bestellungen sauber zu erstellen. Aber nach und nach wurden die Kundenaufträge mehr, man musste mehr Ware bei Vorlieferanten bestellen, der Lagerbestand wurde sechsstellig oder siebenstellig, und auf einmal kamen auch noch Geräte und Produkte zum Kundendienst zurück. Das waren viele Punkte, die hundertprozentig geregelt sein mussten – 95 Prozent reichen hier einfach nicht aus. Denn: Die fehlenden 5 Prozent machten ein weiteres Wachstum fast unmöglich.

Zu diesem Zeitpunkt sagten mir andere Unternehmer, dass wir eine genaue Dokumentation bräuchten. Also erstellten wir eine Dokumentation nach der DIN ISO 9001. Die täglichen Routineaufgaben wurden in einem Dokumentationsprozess-Buch einheitlich beschrieben. Dadurch erhielten die Mitarbeiter hochwertige Anleitungen, in denen genau erklärt wird, wie die Dinge zu tun sind.

Nun war alles sauber dokumentiert und die täglichen Routineaufgaben wurden auch größtenteils so wie beschrieben ausgeführt. Aber mein Vertrauen darin, dass alleine diese Dokumentation langfristig ausreicht, um mir ein sicheres Gefühl zu geben, hielt sich in Grenzen. Dieses DIN-ISO-9001-Handbuch zu erstellen, war zwar verhältnismäßig kostengünstig, aber die alltägliche Arbeit war irgendwie gleichbleibend anstrengend. Und was sich anstrengend anfühlt, ist auf Dauer nicht gut.

Wir brauchten also eine noch bessere Lösung. Am besten ein Warenwirtschaftssystem, das uns die täglichen Routineaufgaben vorgeben sollte. Obwohl für ein junges Unternehmen eine solche Investition schon sehr hoch ist, haben wir uns für ein weltweit bekanntes SAP-System entschieden. SAP denkt in Prozessen, erklärte uns die Chefin eines SAP-Gold-Partner-Betriebes aus Augsburg, und alles ist dann miteinander vernetzt.

Der Automatisierungsprozess eines solchen Warenwirtschaftssystems stellt sicher, dass komplizierte Abläufe möglichst automatisiert in der EDV abgebildet werden. Wenn ein Unternehmen wesentliche Betriebsabläufe oder Teile davon über Softwareprogramme automatisiert, so kann dies die Arbeitsqualität und die Geschwindigkeit erhöhen, während die Fehleranfälligkeit und die Kosten sinken. Und dadurch können extreme Wettbewerbsvorteile entstehen.

Die Einführung des SAP-Systems bei mobiheat war zwar sehr anstrengend, aber es war eben genau das, was wir brauchten: Klar vorgegebene Wege zur Bearbeitung der unterschiedlichen Aufgaben; und die Sicherheit, dass das Ergebnis stimmt. Alles ist nachvollziehbar geworden. Ein automatisiertes Controlling entstand, für jeden Mitarbeiter einsehbar. Eine ehrliche Sache eben. Das System lügt nicht, und das Vertrauen in die Führung wird dadurch auch gestärkt, weil die Verantwortlichen durch dieses offene System keinen Unsinn erzählen können. Das passte auch perfekt zu unserer Unternehmenskultur: ein gemeinsames Kontrollieren, um gemeinsam besser zu werden – und eben kein einseitiges Controlling.

Nutzen Sie also kluge Programme. Am besten ein System, zu dem sich die besten Leute extrem viele Gedanken gemacht haben. Nach der Einführung des SAP-Systems konnten wir aufatmen und uns wieder verstärkt unserer Vision widmen: schnellstmöglich Marktführer werden.

*SAP Business One – Ein sauberer mobiheat-Arbeitsplatz.*

# Alles im Griff – auch finanziell

Klar kann man in jedes Thema viel tiefer und detaillierter einsteigen als ich es in diesem Buch tue. Vor allem bei Finanzthemen sollte und müsste man es wahrscheinlich auch tun. Aber da muss ich Sie leider enttäuschen, so bin ich einfach nicht und deshalb möchte ich auch hier schnell auf die, aus meiner Sicht, wichtigsten Punkte kommen Viele meiner Tipps in diesem Buch drehen sich um Motivation, Kommunikation, Mitarbeiterführung. Doch eine Sache darf man niemals vergessen: Das Unternehmen gibt es nur, so lange es nicht Pleite geht. Dieses Damoklesschwert baumelt sicherlich über allen Unternehmensgründern, zumindest in den ersten Jahren. Viele haben dabei Angst vor den Finanzen, geben sie gar komplett in fremde Hände ab oder fürchten sich vor Tabellen, Zahlen, Begriffen. Dazu kann ich nur sagen: Das ist vollkommen falsch. Der Gründer darf keine Angst vor den Zahlen haben, nein, er muss sich sogar mit ihnen anfreunden. Sie müssen seine ständigen Begleiter sein. Denn bei den Finanzen lautet das Motto: Immer alles im Griff haben. Wer weiß, was seine Zahlen bedeuten, weiß auch, wie er sie für sein Unternehmen nutzen kann – und für sich selbst.

Eigentlich ist es ganz einfach, den Überblick zu behalten. Meiner Meinung nach sind dabei drei Punkte wichtig: Wie schaut die monatliche Auswertung aus; wie viel Geld ist auf dem Konto; und welche Zahlen will die Bank sehen. Also: BWA, Liquidität und Bilanz.

A) Die BWA

Im ersten Kapitel „Gegenspieler attackieren" hatte ich folgenden Satz geschrieben: „Gewinn interessierte uns am Anfang nicht." Damit wollte ich zum Ausdruck bringen, dass gerade am Anfang, bis die ersten Eckpfeiler des Unternehmens stehen, sicherlich nicht die Gewinnoptimierung an oberster Stelle stehen darf. Denn am Anfang steht erst mal das „Einfach machen" auf der Tagesordnung ganz oben. Dennoch würde ich aus eigener Erfahrung dringlichst dazu raten, beim Aufbau Ihrer ersten Selbstständigkeit ein Unternehmen zu starten, das von Anfang an zumindest so viel Gewinn (EBIT) abwirft, dass der weitere Unternehmensaufbau sichergestellt werden kann – und das auf keinen Fall schon am Anfang

Verluste ausweist. Also bitte, seien Sie von Anfang an auf Gewinn programmiert und holen Sie sich von Anfang an Experten, also die für Sie bestmöglichen Berater, mit an Bord.

Wir in unserem Fall hatten wirklich Glück (wahrscheinlich stimmt sogar das Sprichwort: „Das Glück ist mit den Dummen"), denn zu meinen wirklich guten Freunden zählt ein Steuerberater, der ein echter Experte und Top-Mann in seinem Fach ist. Er hat sich von Anfang an mit mir so intensiv beschäftigt, dass ich eigentlich durch seine Steuerkanzlei und im Speziellen durch ihn selbst zum Experten in betriebswirtschaftlichen Angelegenheiten geworden bin. Er ist für mich bis heute immer mehr Berater und betriebswirtschaftlicher Lehrmeister gewesen als der nüchterne Ersteller des unternehmerischen Zahlenwerks. Deshalb mein Ratschlag an Sie: Holen Sie sich von Anfang an einen Steuer-BERATER mit an Bord, der bereit ist, ein persönlicher Lehrmeister für Sie zu sein. Scheuen Sie diese Kosten nicht. Experten und wirkliche Könner sind ihren Preis wert. Nur von wirklichen Spitzenleuten wird man selbst wirklich besser.

Jetzt wieder zurück zum eigentlichen Thema: von Anfang an mit Gewinn arbeiten. Denn das ist in einer Marktwirtschaft Sinn und Zweck eines privatwirtschaftlich organisierten Unternehmens. Auch wenn es hart und schwierig ist, es ist einfach besser so. Um also erst gar nicht in eine Krise zu geraten, muss man auf eine strikt gewinnorientierte Unternehmensführung achten. Wenn Sie sich von Anfang an dieses Ziel setzen und konsequent darauf hinarbeiten, ist das Wunschergebnis, der Gewinn, gar nicht so fern.

Gescheiterte Unternehmer kennen meist nur zwei Ursachen für ihre Pleite: die miese Konjunktur und fehlendes Geld. Doch das ist falsch, sagen und schreiben immer wieder Fachexperten. „Niemals Pleite macht, wer Gewinne erzielt" und „Gewinn ist nicht alles, aber ohne Gewinn ist alles nichts" ist oft zu lesen. Dem ist nichts hinzuzufügen.

Nutzen und beschäftigen Sie sich mit den Auswertungen Ihres Steuerberaters. Im Normalfall erhalten Sie von Ihrem Steuerberater für jeden Monat eine Betriebswirtschaftliche Auswertung (BWA), meist von der DATEV (so bei uns) oder ähnlicher Software. Diese BWA ist eine Zusammenfassung der Einzelbuchungen, wie sie sich aus der zugrundeliegenden Summen- und Saldenliste (SuSa) ergibt. Sind Ihnen zum Beispiel bestimmte Ergebnisse der BWA nicht nachvollziehbar, so können Sie in der Summen- und Saldenliste unter der jeweiligen Kontonummer genau nachvollziehen, wie sich die jeweiligen Salden zusammensetzen. Es ist als Unternehmer elementar zu wissen, wie sich das Betriebsergebnis Ihrer Firma zusammensetzt!

# BWA, Mustermann GmbH, 04/2018

| | |
|---|---:|
| Umsatzerlöse | 800.000 € |
| +/- Bestandsveränderung | 4.000 € |
| = Gesamtleistung | 804.000 € |
| – Materialaufwand | 360.000 € |
| = Rohertrag 1 | 444.000 € |
| – Personalkosten | 120.000 € |
| = Rohertrag 2 | 324.000 € |
| – lfd. Betriebskosten | 169.000 € |
| = Rohertrag 3 | 155.000 € |
| – Abschreibungen | 44.000 € |
| = EBIT ⟶ | 111.000 € |
| – Neutraler Aufwand | 4.000 € |
| + Neutraler Ertrag | 3.000 € |
| – Betr. Steuern | 12.000 € |
| = Ergebnis ⟶ | 98.000 € |

B) Die Liquidität

Neben dem Betriebsergebnis ist die Liquidität der Firma genauso wichtig.

Die Liquidität muss das finanzielle Gleichgewicht eines Unternehmens in jeder Phase der Geschäftstätigkeit sichern. Beobachten Sie deshalb ständig die Entwicklung Ihrer Liquidität, und tun Sie alles, um sie auf Dauer zu sichern.

Zu diesem Thema haben wir uns einen Experten aus der Bank zu mobiheat geholt. Als unser damaliger Firmenkundenbetreuer der UniCredit Augsburg, Reinhard Kechele, uns mitteilte, dass er sich in den Altersruhestand verabschiedet, nutzten wir die Chance und fragten ihn, ob er sich vorstellen könnte, auf 450-Euro-Basis bei uns anzufangen, um diese wichtige Aufgabe zu übernehmen: die Zahlungsfähigkeit der mobiheat GmbH zu kontrollieren und zu sichern. Glücklicherweise fand er die Idee genauso gut wie wir und so waren wir ab diesem Zeitpunkt auch in diesem Bereich gut und sicher aufgestellt.

Dazu kann ich Ihnen sieben Tipps mit an die Hand geben, mit denen Sie Ihre Liquidität einfach kontrollieren bzw. sichern können:

1. Einrichten einer täglichen Einnahmen- und Ausgabenplanung.
2. Mobilisierung wirtschaftlicher Reserven:

Verkauf von Gebäuden, Grundstücken und/
oder Anlagevermögen und sie stattdessen
mieten, leasen oder pachten.

3. Sonderverkäufe an Großkunden sollten jeder-
zeit möglich sein.

4. Verkauf von Forderungen an ein Facto-
ring-Institut.
(Mein Tipp: Teba-Kreditbank, wir haben seit
bestimmt 10 Jahren beste Erfahrungen mit
diesem Factoring-Anbieter; einfach und fair.)

5. Regelmäßige Prüfung und Stornierung aller
nicht notwendigen Ausgaben.

6. Beschaffung von Krediten.

7. Ehrlichkeit und Offenheit gegenüber Ihren
Kreditinstituten.
(Nicht nur auf eine Bank setzen!)

Neben den Banken sind auch die Lieferanten
entscheidend für den Unternehmensaufbau. Daher
sollten Sie auch Ihre Zulieferer genauso pfleglich
behandeln. Die Lieferanten sind nicht so sehr an
tiefschürfenden Zahlen interessiert, sondern, genauso
wie wir: an Liquidität pur. Davon leben sie. Und nur
wenn was fließt, liefern sie.

Also, seien Sie ehrlich zu sich selbst. Verfolgen Sie
Ihre Kernkennzahlen und Ihren Kontostand routiniert,
so wie Sie sich täglich morgens die Zähne putzen. Auch
wenn Sie kein Zahlenmensch sind, bleiben Sie gut
informiert und holen Sie sich ausreichend Hilfe.

C) Die Bilanz

Und wo bleibt bei dieser Betrachtung eigentlich die Bilanz, die doch für die Banken so wichtig und entscheidend für die Vergabe von Krediten ist? Nun, der Jahresabschluss eines Unternehmens hat fernab aller detaillierter Informationen einen ganz praktischen Erkenntniswert. Die Aktivseite beantwortet die Frage: Worüber verfügt der Laden? Und die Passivseite sagt einem: Wem gehört er eigentlich? Machen zum Beispiel allein Ihre Bankverbindlichkeiten gut 50 Prozent der Bilanzsumme aus, sollten Sie einmal über den alten Spruch nachdenken: „Wer zahlt, schafft an!" Das nur als kleiner Hinweis darauf, wenn Sie sich mal über Ihre Bank ärgern sollten.

Und dann wären da noch... die Schulden!

Neben Gewinn und Liquidität ist der Verschuldungsgrad elementar. Diese Kennzahl sollte man stets im Auge behalten. Das schnelle Wachstum und vor allem das Vermietungsbusiness (Maschinen-Miet-Park = Anlagevermögen) der mobiheat GmbH war und ist sehr kapitalbedarfslastig und deswegen hatten wir von Anfang viel mit diversen Banken diesbezüglich zu tun. Jedes Jahr stellten wir uns des Öfteren die Frage, wie viel Schulden die Firma noch verkraftet. Auch wenn unser Geschäft super lief und wir jedes Jahr ordentliche bis sehr gute Ergebnisse erzielten und wir bis zu diesem Zeitpunkt auch die Liquiditätsflüsse gut hinbekamen, waren und sind bei einer erneuten Darlehensaufnahme der Verschuldungsgrad und der Kapitaldienst entscheidende Gesprächspunkte bei den Damen und Herren der Bankhäuser. Deshalb sollte man schon wissen, um was es da geht.

Ihnen sollte klar sein, dass gute und verantwortungsbewusste Banker Ihnen nur dann einen Kredit gewähren, wenn durch den dadurch verursachten Kapitaldienst Ihre internen Kostenstrukturen nicht gefährdet werden. Das heißt, der Banker prüft Ihre Verschuldungskapazität danach, ob für Kredite noch die Ertragskraft ausreicht, um sie kapitalmäßig bedienen zu können. Dazu nimmt er die bestehende gesamte Bankverschuldung des Unternehmens als Basis, multipliziert diese mit dem durchschnittlichen Zinssatz der bestehenden Kredite zusätzlich Prozentpunkten für Tilgung und Risikozuschlag und vergleicht die sich so ergebende Zahl mit dem EBITDA der Firma. Die Differenz beider Zahlen gibt dem Banker eine erste ganz entscheidende Antwort darauf, ob Reserven für einen Kredit da sind.

Danach werden Sie von Ihrem Banker sicher noch gefragt, wie viel Erhaltungs- oder Ersatzinvestitionen Ihr Unternehmen in den nächsten Jahren wohl benötigen wird, und wie Sie die Ertragssteuer bezahlen wollen. Es ist gar nicht so einfach, dieses sehr wichtige Thema in ein paar Sätzen einfach, deutlich und klar niederzuschreiben. Aus diesem Grund nachfolgend noch eine kleine Tabelle, die mir persönlich zur Vorbereitung der Gespräche mit unseren Banken immer sehr geholfen hat.

| Unternehmen |
| --- |
| Aktuelle Bankverschuldung |
| Gesellschafterdarlehen |
| Summe Gesamt-Verschuldung |
| Kapitaldienst (15% Zins, Tilgung, Risiko von Summe Gesamt-Verschuldung) |
| EBITDA (Gewinn + Abschreibung) |
| Ertragssteuern |
| Erhaltungs-Investitionen |
| = Antwort, Höhe der Reserven, um weitere Kredite zurückbezahlen zu können: |

*(EBITDA - Kapitaldienst - Ertragssteuern - Erhaltungsinvestitionen = Höhe der Reserven)*

Bei Unternehmen A ist eine Kreditvergabe seitens der Bank sicherlich möglich. Die Gespräche dürften etwas einfacher verlaufen als bei Unternehmen B – das dagegen wird möglicherweise Probleme beim neuen Bankkredit bekommen.

| A | B |
|---|---|
| 300 T€ | 400 T€ |
| 0 | 100 T€ |
| 300 T€ | 500 T€ |
| 45 T€ | 75 T€ |
| 100 T€ | 100 T€ |
| 0 | 20 T€ |
| 10 T€ | 20 T€ |
| 45 T€ | -15 T€ |

Es gilt also: Selbst wenn Ihr Unternehmen regelmäßig Gewinne einfährt und ihre Liquidität gesichert ist, kann der Verschuldungsgrad der Gesellschaft Ihre Geschäftstätigkeit entscheidend einengen. Haben Sie also auch darauf ein Auge.

# TEIL II
# DIE STRATEGIEN

„Teile den Erfolg.
Es kommt immer das
Doppelte zurück."

# Das Wichtigste ist die Vision

Zu Beginn der mobiheat waren wir relativ mittellos. Wir konnten nur niedrige Gehälter bezahlen und kein sonderlich attraktives Arbeitsumfeld bieten. Ich musste also Leute finden, die mir vertrauten, die mich im besten Fall schon kannten. Und: Die unsere Vision teilten – die an unser Ziel glaubten.

Das Ziel war, mit Helmut Schäffer zusammen ein Unternehmen aufzubauen, das mobile Heizzentralen anbieten sollte und irgendwann mal Marktführer werden sollte. Das klang erst einmal spannend und gut.

Der erste Schritt nach dem Formulieren eines Ziels ist: Sich selbst davon überzeugen. Denn man muss sich sicher sein, dass diese Idee es wert ist, loszulegen und aus der eigenen Komfortzone herauszutreten. Bis zum Start der mobiheat GmbH bestand meine berufliche Komfortzone aus einem Job bei einem der größten deutschen Industrieunternehmen namens Bosch. Heißt: sicherer Arbeitsplatz und gute Bezahlung – um nur mal zwei doch nicht ganz unwichtige Punkte zu erwähnen.

Doch Helmut vermittelte mir von Anfang an Spaß an der neuen Arbeit. Spaß an der Arbeit! Das tat nach meinem Job bei Bosch richtig gut.

Helmut ist nämlich ein begabter Geschichten-erzähler. Wenn wir zum Beispiel über unsere Vision „Marktführerschaft" sprachen, schoss er mit seinen Ideen so gut wie immer über das normale Maß hinaus. Wenn es mit ihm durchgeht, hält ihn mit seinen Geschichten keiner mehr auf. Diese Energie war für mich Gold wert. Durch diese Verrücktheit baute sich eine Überzeugung in mir auf, die ich an viele unserer neuen Mitarbeiter übertragen konnte. Die ersten Mitarbeiter waren übrigens Freunde und alte Kolleginnen und Kollegen aus meiner Bosch-Zeit.

Um ein Unternehmen erfolgreich zu starten und es auf Erfolgskurs zu bringen, benötigt man also zuallererst eine große Portion Leidenschaft für dieses Vorhaben. Ich denke, dass ich die Menschen, die bei mobiheat arbeiteten und arbeiten inspiriert habe (und es hoffentlich immer noch tue). Weil ich ein Talent darin habe, andere für Vorhaben und Projekte zu gewinnen, haben wir Aufgaben bewältigt, von denen wir gar nicht wussten, dass wir sie bewältigen können.

Es ist wichtig, um ein Ziel herum eine Energie zu erzeugen. Ich selbst versuche immer, Motivation auszustrahlen. Nach dem Motto: Kein Berg ist zu hoch für uns. Dadurch habe ich auch Mitarbeiter gewonnen, die bei uns erst einmal weniger verdient haben als bei ihrem vorherigen Job.

Das ist doch mal eine interessante Erkenntnis: Ein gemeinsames Ziel ist für die Menschen wichtiger als Geld.

Doch man darf eines nie vergessen: Sobald es dem Unternehmen wirtschaftlich besser geht, sollte man unbedingt die Bezahlung der Mitarbeiter dem Unternehmenserfolg entsprechend anpassen. Es fühlt sich auch richtig gut an, wenn das mit der guten Bezahlung für die Mitarbeiter klappt. Bei uns hat es sicherlich fünf bis sechs Jahre gedauert, bis es so weit war.

Übrigens: Auch für mich hat es so lange gedauert, bis ich mal ein vernünftiges Gehalt beziehen konnte.

# Ein goldener Führungsstil statt goldener Titel

Sich über Titel zu definieren, finde ich beschissen. Leute sollen mir nicht folgen, nur weil ich den Titel „Geschäftsführer" trage. Als Gründer habe ich den Vorteil, dass ich genau das schon einmal erlebt habe: Am Anfang bedeutet der Titel sowieso nichts.

Anstatt also von den Menschen zu erwarten, dass sie mir blind folgen, verlasse ich mich eher auf meine Fähigkeiten, von jedem das Beste zu bekommen. Ich versuche, ein Umfeld zu schaffen, das zu Leistung motiviert. Ich bin zwar davon überzeugt, dass dieser Weg der anstrengendere ist. Aber auf jeden Fall der lebendigere.

Wenn ich mich genau betrachte, verfüge ich als Gründer, Geschäftsführer und Geschäftsmann weder über klar definierbare Fertigkeiten noch über eine besondere Ausbildung. Bei der Prüfung zum

Betriebswirt bei der IHK bin ich sogar zweimal bei der mündlichen Prüfung in Englisch durchgefallen. Bis zur 7. Klasse war ich auch kein guter Schüler. Ich bin erst dann ein richtig guter Schüler geworden. Vermutlich fiel da auf einmal der Groschen. Aber zu diesem Zeitpunkt war der Zug für höhere Schulen schon abgefahren. Mit 15 Jahren hatte ich lediglich einen Qualifizierten Hauptschulabschluss. Danach fing ich eine Lehre als Groß- und Außenhandelskaufmann bei Richter+Frenzel in Augsburg an und landete so in der Branche, in der ich später mein eigenes Unternehmen aufgebaut habe. Als angestellter Kaufmann besuchte ich nach meiner Lehre abends und an den Wochenenden Weiterbildungseinrichtungen und holte mir so noch zwei Titel – wahrscheinlich nur für mein Ansehen.

Ich denke, jeder Mensch trägt Fähigkeiten in sich, und zwar vollkommen unabhängig von der Schulausbildung. Bei dem einen kommen sie früher zum Vorschein, bei dem anderen etwas später. Für mich fühlt sich mein Werdegang richtig und gut an. Meine Eltern hatten mich Gott sei Dank einfach machen lassen. Zur damaligen Zeit gab es zu Hause auch noch keine großen Diskussionen, ob das Kind den Übertritt auf ein Gymnasium schafft oder eben nicht. Das spielte bei uns keine Rolle. Dafür bin ich sehr dankbar. Ich durfte bis heute immer ich selbst sein.

Ich wollte aber trotzdem immer an der Spitze

sitzen. In der Schule wollte ich eigentlich der Lehrer sein, in meinem Ausbildungsberuf gefiel mir das Chefbüro schon sehr gut und danach als leitender Angestellter bei Buderus (Bosch) hatte ich auch schon Höheres im Sinne. Für mich war eben Gestalten schon immer sehr wichtig. Mit meinen kargen Titeln aber war logischerweise die einfachste Möglichkeit, um schnell an der Spitze zu stehen: mit einem eigenen Unternehmen zu starten.

Vielleicht ist genau dieses Manko aber auch der Grund, warum ich mir einen anderen Führungs- stil angeeignet habe. Ich konnte mich nie hinter Titeln und Statussymbolen verstecken und mich darauf verlassen, dass mir die Position innerhalb der Hierarchie die entsprechende Autorität verlieh. Seit Beginn der mobiheat bin ich davon überzeugt, dass ein Führungsstil ganz einfach auf der Bereitschaft der Mitarbeiter beruhen sollte, einem zu folgen. Selten übe ich Zwang aus, ich versuche es immer über Inspiration und Glaubwürdigkeit. Ich möchte die Leute anspornen, um Top-Leistungen zu bringen, und zwar nicht durch Drohungen, sondern durch bloßes Loben. Am besten funktioniert dieser Weg, wenn meine eigene Begeisterung groß ist.

Ich suche neue Leute, vertraue ihnen, lobe sie, lasse sie einfach machen. Es gibt keine Stellenbe- schreibungen, die Aufgabe entwickelt sich im Laufe der Zeit einfach mit. Am Anfang ist es für die neuen

Mitarbeiter schon ungewöhnlich, und auch anstrengend. Sie bekommen einfach keine Ansagen von mir. Am Anfang steht das Chaos. Doch nur so lange, bis die für alle Seiten gewinnbringende Aufgabe gefunden wurde.

Diese Führung ohne direktes Eingreifen bietet einen großen Vorteil. Die Mitarbeiter des Unternehmens genießen die Chance, eigenverantwortlich agieren zu können. Anders als bei den meisten Unternehmen verschwenden sie auch keine Zeit auf unnötige Meetings und sinnlose Berichte, um die Geschäftsführung zu beschäftigen.

Ich weiß gar nicht, wie man diesen Führungsstil bezeichnen könnte. Vielleicht so: Eine Führung aus dem Hintergrund.

Mein Ratschlag: Nicht der Rang, sondern die Kompetenz zählt. Gemeinschaft schlägt Hierarchie.

*Andreas als kleiner Junge.*

*Grundschule Kissing: 1. Klasse*

*Grundschule Kissing: 4. Klasse*

*Hauptschule Kissing: 6. Klasse*

*Hauptschule Kissing: 9. Klasse*
*„Mein Lehrer von der 7. bis zur 9. Klasse machte aus mir*
*einen richtig guten Schüler.*
*Herr Felch - Vielen Dank dafür!"*

# Einfach ist immer besser als kompliziert

Große Unternehmen sind aus meiner Sicht zu kompliziert aufgestellt. Es geht oftmals mehr um die Positionen und um die persönlichen Ansprüche als um die Sache, oder um den Erfolg der kleineren Einheit. Während viele Unternehmen von der eigenen Kontrollierbarkeit besessen sind, mag ich es lieber einfach. Wir haben die betriebliche Bürokratie auf ein Minimum reduziert. Wir sind so effektiv und erfolgreich, weil wir den Unternehmergeist immer wieder weiter maximieren – und nicht das Controlling.

Bis Anfang 2015 gehörte Helmut und mir zusammen die mobiheat GmbH. Nach unserem Anteilsverkauf stellte auch unser jetziger Mitgesellschafter einen Geschäftsführer. Seine Aufgabe besteht hauptsächlich darin, zwischen den Parteien beziehungsweise zwischen den Gesellschaftern zu vermitteln. Mit der neuen Position kamen wir auf die Idee, dass uns ein neues klares Organigramm gut zu Gesicht stehen würde. Unser Geschäftsführungskollege erstellte also gemeinsam mit uns ein wirklich hübsches Organigramm, sogar farblich nach Geschäftsführungsverantwortlichkeiten gekennzeichnet. Viele Aufgaben wurden dadurch sichtbar und klar zugeordnet. Doch ganz nebenbei entstand dadurch auch, wie bei Großunternehmen gewöhnlich, eine Hierarchie, vom Arbeiter bis zum Geschäftsführer.

Ich bin ein Kind der 80er Jahre und vielleicht bin ich deshalb auch ein großer Verfechter der Macht des einfachen Mannes. Wir waren eigentlich stolz darauf, dass es uns gelungen war, die mobiheat mit klaren, einfachen und unkomplizierten Leuten zu starten. So war es uns gelungen, die Marke mobiheat auf der Prämisse aufzubauen, dass es in erster Linie um die Menschen, Kunden und Mitarbeiter geht. So ist es unsere gemeinsame Sache geworden und mit einigen zusammen sogar unsere gemeinsame Lebensaufgabe. Und auch heute noch besteht die Belegschaft zu circa 60 bis 70 Prozent aus Freunden, Familienangehörigen oder langjährigen Weggefährten.

Die Frage war also: Wer ist denn wirklich der Chef des Unternehmens? Ich glaube nicht, dass das nur der CEO oder der Geschäftsführer ist. Vielleicht ist er das Gesicht nach draußen. Doch um schnell und langfristig erfolgreich zu sein, braucht es eine ganze Gruppe von Verantwortlichen. Eine traditionelle

Hierarchie findet man bei mobiheat nicht. Ich persönlich vermeide Bezeichnungen wie Geschäftsführer, Führungskreis, Abteilungsleiter und so weiter. Die mobiheat-Leitung besteht vielmehr aus einer Gruppe locker miteinander verbundener Menschen, die alle eigene Büros haben. Unsere flache mobiheat-Hierarchie des Miteinanders ist sicherlich nicht einfach. Sie ähnelt ein wenig einem eheähnlichen Miteinander: Man muss sich intensiv miteinander beschäftigen. Aber wer eine Unternehmensstruktur aufbauen möchte, bei der möglichst viele Mitarbeiter nah am Markt und dem Kunden dran sind, dessen Ergebnis wird sich dem mobiheat-Modell sehr ähneln. Hierarchie und Organigramme stehen also diesem Erfolg aus meiner Sicht im Wege. Doch das musste ich erst lernen.

Denn die erste Zeit fand ich das Organigramm gut. Aber nach einem halben Jahr war durch dieses Organigramm etwas entstanden, was für uns langsam schädlich wurde. Unser höchstes Gut des Miteinanders ging von Tag zu Tag immer mehr verloren. Immer öfter wurde zuerst einmal darüber nachgedacht, ob man für diese Aufgabe überhaupt verantwortlich ist, oder ob man Kollegen aus einer anderen Abteilung überhaupt helfen soll. Es fühlte sich grausam an. Eigentlich wollten wir mit dem bunten Organigramm etwas Gutes erschaffen. Doch es trat genau das Gegenteil ein. Viel zu oft redeten wir darüber, anstatt über Kunden oder Aufträge zu sprechen. Es machte unser Unternehmen für uns und die Mitarbeiter größer, als es wirklich war. Es machte uns zu groß und wichtig. Verrückt, oder?

Nach und nach wurde sogar die Stimmung schlechter. Und so wurde das Organigramm etwa ein dreiviertel Jahr nach der pompösen Einführung stillschweigend wieder begraben.

Meine Erkenntnis aus dieser Zeit ist: Jedes Mal, wenn ein Unternehmen größer wird, versucht man, Dinge einzuführen, die angeblich besser zu einem Großunternehmen passen. Diese Dinge sind aber für Mittelständler zu unpersönlich. Wenn wir die Dinge klein und einfach halten, bleiben sie persönlicher. Und wenn sie persönlicher bleiben, bleiben auch die Leute, auf die es wirklich ankommt, richtig und wirklich am Ball.

Was braucht man also wirklich? Man braucht ein gemeinsames großes Ziel, vielleicht nennt man es auch Vision. Etwa ein 10-Jahres-Ziel, zum Beispiel die Marktführerschaft in ganz Europa. Dann ein kleineres Ziel, für die nächsten 5 Jahre, zum Beispiel die Marktführerschaft in der DACH-Region. Und einen konkreten 3-Jahres-Plan für die nächsten Geschäftsjahre nach Umsatz, Kosten und EBIT. Das genügt! Es ist einfach, ausreichend und vor allem wird es von jedem verstanden, ganz ohne jegliche Wichtigtuerei.

Also tragen Sie, so lange es geht, das Jungunternehmertum in sich! Und denken Sie daran: Jedes Mal, wenn etwas zu kompliziert wird, versuchen Sie, es wieder einfach zu bekommen.

# Schnelle Entscheidungen mit der Macht der Gruppe

W enn es einen Bereich gibt, in dem der engere mobiheat-Zirkel richtig gut ist, dann sind es unsere schnellen Entscheidungen. Eine schnelle Entscheidung zu fällen, das können nicht viele Wettbewerber. Vor allem die meisten größeren Unternehmen haben eine geballte Bürokratie in ihrem Umfeld aufgebaut.

Und sie befassen sich zu intensiv mit der Marktforschung. Davon halte ich wenig. Wenn ich wissen will, was Kunden wollen, frage ich sie zum Beispiel direkt auf Messen oder bei Besuchen nach ihren Bedürfnissen. Aus meiner bisherigen Erfahrung kann ich sagen, durch zu viele und gerade auch langatmige Analysen erlahmen oft Projekte und Ideen. Mit der Zeit verschwindet die ursprüngliche Energie dazu. Zu allen Vorhaben öffnet sich für eine gewisse Zeit eine Tür. In dieser Zeit baut sich eine positive Energie dazu auf. Und diese Zeit sollte man für eine Entscheidung nutzen: entweder ja oder nein. Weitere Möglichkeiten gibt es einfach nicht.

Bei mobiheat hatte ich von Anfang an den Vorteil, dass ich Entscheidungen immer mit anderen teilen konnte. In einer Gruppe zu entscheiden hat aus meiner Sicht einen großen Vorteil: Man hat weniger Angst vor Fehlentscheidungen, und dadurch wagt man auch viel mehr. Schlussendlich gewinnt man dadurch auch mehr und ist schneller unterwegs. Ich nenne es gerne „die Macht der Gruppe".

Egal ob es Entscheidungen über einen neuen Standort, über eine Firmenbeteiligung oder eine Umsetzung einer neuen Produktidee war – alle Entscheidungen wurden bei uns innerhalb des geöffneten Zeitfensters getroffen, egal wie hoch die Kosten beziehungsweise die Investitionssummen dafür waren. Wie lange solch ein Zeitfenster geöffnet ist, liegt mit großer Wahrscheinlichkeit am Thema.

Bei einem Mittagessen diskutierten wir in der Gruppe über einen möglichen neuen Standort unserer mobiheat-Unternehmenszentrale direkt an der Autobahn. Dadurch könnten wir das Unternehmen sichtbarer machen, so unsere Meinung. Zu diesem Zeitpunkt lag unser letzter Umzug noch nicht einmal drei Jahre zurück. Doch Roland, einer aus unserer Gruppe „Vier gewinnt" – so nennt Roland unsere Bande – nahm mit der Stadt Friedberg Kontakt auf.

Eigentlich wollten wir uns nur relativ lose Erkundigungen einholen. Aber wie das Leben manchmal so spielt, war genau in diesem Moment eine Möglichkeit da, ein Sahnegrundstück in der ersten Reihe direkt an der Autobahn zu erwerben. Da es so viele Interessenten dafür gab, konnte die Stadt uns unser Wunschgrundstück nur ein paar Tage reservieren. Es war eine riesige Investition. Aber: Wir haben ja gesagt.

Heute sind wir froh, diese Entscheidung getroffen zu haben. Neben der Standortverbesserung direkt an der Autobahn A 8 haben wir eine unbezahlbare Werbung durch die Sichtbarkeit und damit eine sehr große Bekanntheit erlangt. Dadurch haben wir gegenüber unseren Wettbewerbern bis heute den strategisch besten Standort. Wieder einmal hat sich gezeigt: Wer wagt, gewinnt.

Den entscheidenden Augenblick sollte man also schnell nutzen; genau den ausschlaggebenden Moment, in dem sich eine Chance auftut. Und zwar, bevor die Chance an einem vorbeigezogen ist.

„Vier Gewinnt"
v.l.n.r Helmut Schäffer, Wolfgang Sonntag, Roland Meisl
und Andreas Lutzenberger im FCA-Stadion
„Wir sind in der Bundesliga angekommen."

# Der Kunde und das Vertrauen in die Firma

Alle persönlichen Begegnungen mit einem Vertreter des Unternehmens sind die Momente der Wahrheit in der Beziehung zwischen Unternehmen und Kunden. Hier entscheidet sich, ob der Kunde dem Unternehmen vertraut oder nicht.

Kunden unterscheiden nur bedingt zwischen einem Unternehmen im Gesamten und dessen einzelnen Mitarbeitern. Wurde der Kunde von einem Mitarbeiter unfreundlich behandelt, bildet sich dieser Kunde ein negatives Bild des Unternehmens. Vertrauen zum Unternehmen setzt also engagierte Mitarbeiter voraus. Und dieses Engagement wiederum benötigt das Vertrauen der Verantwortlichen in den Betrieb.

Chefs müssen ihren Mitarbeitern ein uneingeschränktes Vertrauen schenken. Dadurch treten Mitarbeiter den Kunden gegenüber mit echter Kompetenz auf und reagieren flexibel auf Kundenbedürfnisse. Und genau das wünscht sich jeder Kunde – auch wenn dadurch vielleicht hier oder da ein Schaden für die Firma produziert wird und nicht alles nach Schema F abläuft. Wenn es hier oder da dadurch sogar etwas chaotisch und unstrukturiert wirkt, ist es aus meiner Sicht trotzdem der absolut bessere und richtige Weg, weil einfach der Kunde dadurch zufrieden ist und somit langfristig gewonnen wurde.

Kunden zu gewinnen und langfristig zu halten ist nun mal das Wichtigste, aber auch das immer wiederkehrende und schwierigste Unterfangen in einem Unternehmen. Aus diesem Grund halte ich mögliche entstandene Schäden aus diesem Pro-Kunden-Verhalten für akzeptabel. Diese Schäden kann ich mit vielen guten Kunden sowieso wieder gut machen.

Eine Misstrauenskultur dagegen setzt auf Kontrolle, sie ist starr und nicht lebendig. Ein Mitarbeiter, der immer gesagt bekommt, was er tun soll, tut irgendwann nur noch das, was man ihm sagt. Das ist bestimmt ein Grund dafür, warum klassische Großunternehmen, oder Großbürokratien, sich schwer damit tun, kompetente Servicefirmen zu werden. Echte Kompetenz lässt sich nicht bis ins Detail vorgeben. Diesen Vorteil haben nun mal kleine und mittelständische Unternehmen. Diesen Vorteil der inneren Stärke sollte man auch entsprechend nutzen.

Bei mobiheat ist fast alles aus gegenseitigem Vertrauen entstanden. Aufgrund der Entscheidung, von Anfang an auf Freunde, Familienmitglieder und langjährige Weggefährten zu setzen, war der Weg mehr oder weniger schon vorgegeben. Heute hat die mobiheat auch viele Mitarbeiter, die nicht zu der oben angeführten Gruppe gehören, die aber trotzdem, wahrscheinlich auch wegen unseren positiven Erfahrungen, das gleiche Vertrauensverhältnis genießen.

Bestätigt wurde dieser Weg des uneingeschränkten Vertrauens gegenüber Mitarbeitern mit dem jährlichen Wachstum von über 30 Prozent. Die Zahlen sind am Schluss das Ergebnis unseres täglichen Handelns. Man muss als Verantwortlicher nicht alles im Griff haben. Die Mitarbeiter haben es in der Regel langfristig sogar besser im Griff.

# Loslassen – und weiter wachsen

W enn man ein Unternehmen startet, beginnt man es in der Regel alleine, oder zumindest in einer ganz kleinen Gruppe. So war es auch bei der mobiheat GmbH. Also war quasi das Unternehmen mit mir als Person identisch. Alles, was ich gemacht habe, hat auch das Unternehmen gemacht. Wenn ich über Fasching zum Skifahren weggefahren wäre, dann wäre auch das Unternehmen im Urlaub gewesen. Wenn ich wenig gearbeitet habe, hat das kleine Unternehmen weniger verdient. Bei viel Arbeit hat es mehr verdient. Und wenn ich Arbeit liegen gelassen habe, hat sie keiner gemacht. So einfach oder auch hart war und ist es in der Anfangszeit. Man könnte noch als Fazit für die Start-Up-Phase hinzufügen, dass Erfolg aus Arbeitseinsatz resultiert.

Man könnte es auch mit einem Flugzeug vergleichen. Ohne Fahrwerk kommt man einfach nicht hoch. Und ohne den eigenen Antrieb kommt das Flugzeug auch nicht so recht ins Rollen, geschweige denn, es beschleunigt. Sobald man aber in der Luft ist, ist das Fahrwerk hinderlich.

Wie schon gesagt, am Anfang macht man das meiste selbst. Aufträge erfassen, Rechnungen schreiben, Zahlungseingänge prüfen, bis hin zu Auslieferungen. All-in-One. Klar macht es auch Spaß. Ich ging darin auch auf. Aber wenn der Erfolg dazukommt, sitzt man schnell mit der vielen Arbeit fest und kann sich nicht der Zukunft des Unternehmens widmen. Und wenn man diese Aufgaben nicht ordentlich an andere Mitarbeiter überträgt, sobald das Unternehmen abhebt, hat man ein Problem.

Ich habe zu dieser Thematik ein Buch gelesen, das sehr gut beschreibt, um was es in diesem Fall eigentlich geht: Es geht um den Unterschied zwischen Fachkraft, Manager und dem Unternehmer.

Die Fachkraft ist der operative Macher, der Macher der eigentlichen Arbeit. Die Fachkraft reagiert auf Ereignisse, auf Dinge, die zu tun sind. Wenn etwas ansteht, macht sie es selbst. Sie lebt in der Gegenwart. Sie ist glücklich, wenn sie Aufgaben und Probleme lösen kann. Am besten auf dem schnellsten und direktesten Weg.

Der Manager ist derjenige, der Ordnung schafft.

Dafür entwickelt er Systeme. Arbeit ist für ihn, ein System einzuführen und zu steuern, innerhalb dessen Aufgaben optimal gelöst werden können. Er definiert Abläufe, Strukturen, Standards und kontrolliert die Einhaltung. Er ist glücklich, wenn sein System funktioniert.

Der Unternehmer aber ist derjenige, der neue Visionen entwickelt. Er ist der Träumer, die Energie hinter allem, und lebt in der Zukunft. Er ist glücklich, wenn er Träume verwirklichen kann, oder, besser gesagt, mit einem Team Träume gemeinsam verwirklichen kann.

Eine gewisse Zeit lang nach dem Unternehmensstart befindet man sich vor lauter Arbeit in einem Dschungel. Dann benötigt man Leute, die einem von dem Dschungel beziehungsweise von der „normalen" Arbeit befreien: die Fachkräfte. Außerdem benötigt man verantwortliche Leute: die Manager, die die Arbeit einteilen, sodass niemand zu sehr ermüdet, aber trotzdem alle vorwärtskommen und nebenbei Optimierungen für mehr Effektivität durchführen. Und dann sitzt noch einer ganz oben auf dem Baum, und versucht, im Großen und Ganzen den richtigen Weg vorzugeben: Das ist der Unternehmer.

Das heißt, all diese Tätigkeiten unterscheiden sich. Sie unterscheiden sich durch den Ursprung, warum sie ausgeführt werden; durch das, was eigentlich als

Arbeit verstanden wird, also durch die Arbeitsweise; und durch das Ziel, das Ergebnis. Leider unterscheiden sich diese Tätigkeiten nicht nur, sondern sie widersprechen sich auch. Was dem einen als Arbeit erscheint, erscheint dem anderen nicht als Arbeit.

Ich denke, für das Fortschreiten des Unternehmens mobiheat war es sehr wichtig, diese Erkenntnis gewonnen zu haben und entsprechend die Positionen Fachkraft, Manager und Unternehmer langsam aber sicher installiert zu haben. Als Gründer muss man auch bereit sein, weiter zu gehen. Nicht an den bisherigen Aufgabenbereichen festhalten. Man startet unbelastet als Gründer, als Visionär, wird dann zur Fachkraft, dann zum Manager, und nach einiger Zeit zum Unternehmer. Aber dafür muss man die Arbeit als Fachkraft und Manager loslassen können.

# TEIL III
# DIE ART UND WEISE

„Liebe die Krise.
Es gibt kein Wachstum
ohne Schmerzen."

# Moderation

Bleiben wir bei der Arbeitsaufteilung. Alle drei Rollen, Fachkraft, Manager und Unternehmer, haben unterschiedliche Bedürfnisse. Die Fachkräfte wollen die größtmögliche Freiheit in ihrem Arbeitsalltag. Die Manager dagegen wollen klare und saubere Abläufe. Und als Unternehmer zerstören wir durch unsere Ideen immer wieder mal die geschaffenen Strukturen, die die Manager aufgebaut haben.

Es ist schon verrückt: Was für den einen wichtig ist, hat für den anderen keine Bedeutung. Was für den einen wertvoll ist, ist für den anderen lästig.

Diese Erkenntnis hat mir sehr geholfen.

Denn mir wurde dadurch klar: Es braucht auch einen Moderator.

Neben meinem Unternehmerdasein übernehme ich als eine meiner zentralen Aufgaben die Moderation zwischen Fachkraft, Manager und Unternehmer.

Mein Ziel war und ist das gegenseitige Verständnis, wie zum Beispiel zwischen Produktion, Auftragsbearbeitung, Buchhaltung und Marketing. Es kommt bei uns schon mal vor, dass das Marketing „Bilderabteilung" genannt wird. So lange es nur Spaß ist, ist das in Ordnung. Aber es ist leider nicht immer so. Dann muss jemand vermitteln.

Aus meiner Sicht war dies eine meiner wichtigsten Entscheidungen, bereit zu sein, in diesem stark wachsenden Unternehmen größtenteils auch als Moderator oder als Vermittler aufzutreten.

# Kommunikation

Konferenzen und Meetings sind meiner Meinung nach oftmals logistische und organisatorische Albträume für ein kleines oder mittelständisches Unternehmen. Die Teilnehmer sind in der Regel von vornherein nicht gerade begeistert von einer bevorstehenden Konferenz. Warum? Man hat einfach besseres zu tun. Außerdem liegt der Erfolg im Miteinander, doch dieses Miteinander kann in den meisten Meetings nicht gestärkt werden. Eigentlich braucht man einen gemeinsamen Weg, eine gemeinsame Leidenschaft, für den geschäftlichen Erfolg. Aber oftmals ist eine Konferenz nur ein Kräftemessen unter den Teilnehmern.

Die gleiche Erfahrung machte ich auch bei den sogenannten „wichtigen Besprechungen" mit Mitarbeitern. Eines bekommt man durch offizielle Meetings einfach nicht zu hundert Prozent weg: Die Diskussionen geschehen nicht ganz auf Augenhöhe. Dadurch fehlt aus meiner Sicht auch das uneingeschränkte Miteinander. Das Ergebnis ist zwar meistens in Ordnung, aber eben nicht perfekt. Es kommt eben ein normales Ergebnis dabei heraus – wie in jedem anderen Unternehmen.

Doch mein Ansatz ist immer wieder: Wie können wir einen Unterschied zu „normalen Firmen" herstellen? Diese Frage wurde bei uns durch Zufall von selbst beantwortet.

Von Anfang an gingen wir bei mobiheat so oft es ging gemeinsam Mittagessen. Zuerst nur mein Partner und ich, dann kamen weitere Kolleginnen und Kollegen dazu. Das Mittagessen wurde für uns das tägliche gemeinsame Miteinander. Und dabei wurde ganz selbstverständlich das gemeinsame Weiterentwickeln der mobiheat GmbH das Hauptthema. Bei einem geselligen Mittagessen diskutiert es sich einfacher, es gibt keine Hierarchiebeschränkungen, es ist ja auch nur die gemeinsame Mittagszeit. Doch es muss nicht immer ein Mittagessen sein, wir machten auch eine Zeit lang mal gemeinsam Sport – das hielten wir aber leider nicht lange durch. Dann machten wir gemeinsame Unternehmungen in der Stadt. Aktuell unternehmen wir gerne längere Spaziergänge, fahren gemeinsam mit den firmeneigenen Fahrrädern über die Felder, und nebenbei diskutieren wir die Themen, die man eben durchdiskutieren muss, um das Unternehmen entsprechend nach vorne zu bringen. In genau dieser Runde kann ich auch den wichtigen Punkt des gegenseitigen

Verständnisses sehr gut bearbeiten, und meine Rolle als Moderator wahrnehmen.

Ein wirklich gutes gemeinsames Miteinander entsteht aus der Qualität der Zeit, die Menschen miteinander in einem Unternehmen verbringen. Die Qualität des Miteinanders ist etwa bei einem schönen gemeinsamen Essen um ein Vielfaches höher als in einem „normalen" Besprechungsraum. Dieses System ist bei mobiheat eigentlich auch durch einen weiteren Zufall entstanden: Wir hatten bis vor Kurzem nie lange einen Besprechungsraum, weil dieser durch das Wachstum immer gleich wieder wegfiel, denn schnell wurde der Raum als Arbeitsplatz benötigt.

Wenn man so mag, ist dieses System also auch aus einem Engpass heraus entstanden. Aber weil es bis heute so gut funktioniert, würde ich es als einen der entscheidenden Punkte benennen, warum die mobiheat seit ihrem Start so erfolgreich ist.

Mein Ratschlag: Verbringen Sie so viel Zeit wie möglich mit den Verantwortlichen in Ihrer Firma; und zwar qualitative Zeit auf Augenhöhe. Dadurch entsteht die größtmögliche gemeinsame Leidenschaft für das Unternehmensziel.

# Mut

Es wird in einem Unternehmerleben immer wieder mal turbulente und instabile Zeiten geben. Vor allem in den Anfangsjahren werden Sie immer wieder von Zweifel eingeholt werden. Genau aus diesem Grund ist Mut machen eine der größten Leistungen, die man für ein Unternehmen erbringen kann.

Ich selber kann aus eigener Erfahrung sagen: Die Wirkung war immer wieder gigantisch. Zunächst reduzierte ich dadurch meine eigenen Zweifel und bekam dadurch Kraft für neue Taten. Daraus entstand eine optimistische Stimmung im Team, und diese lieferte dann ausreichende Stabilität für die meisten Kolleginnen und Kollegen. Und diese wiederum war auch für mich wieder hilfreich: Wenn im Team eine positive Stimmung herrscht, kann man sich auch mal als Chef daran anlehnen, wenn man selbst Motivation benötigt.

Wie aber macht man Mut?

Meine Empfehlung: Treten Sie immer als zuversichtliche Persönlichkeit auf. Insbesondere dann, wenn es im Unternehmen gerade nicht so gut läuft.

Uns bei mobiheat etwa hilft es, immer wieder einen Blick zurück zu werfen. Ein Blick zurück auf das gemeinsam Erreichte hilft sehr gut, um daraus neuen Mut zu schöpfen. So lenkt man den Blick weg von den aktuellen Problemen. Und genau dann erkennt man auch, was im Augenblick gut läuft, oder sogar besser als früher. Das gibt dann allen genug Grund, wieder hoffnungsfroh in die Zukunft zu blicken. So geht man die aktuellen Probleme wieder unverzüglich mit einer großen Portion Optimismus an.

Bei der mobiheat verloren wir 2012 unseren größten Kunden. Nicht, weil er uns nicht mehr wollte, sondern, weil das Unternehmen selbst Probleme hatte und so unsere Produkte nicht mehr benötigte. Zunächst hatten wir eine gewisse Trauerphase, klar. Doch dann stürzten wir uns auf eine Kundengruppe, die sowieso schon ganz gute Umsätze mit uns gemacht hatte. Wir vertieften den Vertriebsweg, den diese Zielgruppe bevorzugte. Das Ergebnis war im Nachhinein ein echter Sechser im Lotto: Genau diese Zielgruppe wuchs in den darauffolgenden Jahren so stark an, dass wir 2015 zum Marktführer in unserer Branche wurden.

Das Sprichwort stimmt: Wo eine Türe zu geht, geht eine andere wieder auf. Strahlen Sie in kritischen Situationen einfach Optimismus aus. Es wird sich auszahlen.

*Strahlen Sie in kritischen Momenten auch Optimismus aus.*
*Im Zweifel könnte jeder auch ein Flugzeug sicher landen!*

# Sorgen

In jedem Erfolgsbuch steht das Wort: Durchhaltevermögen. Auch hier darf es natürlich nicht fehlen. Ich kann es definitiv empfehlen. Denn auch als Vollgas-Unternehmer denkt man mal an das Aufgeben. Doch ich habe mich eisern an den Ratschlag aller Erfolgsbücher gehalten: Niemals aufgeben!

Egal, wie groß die Widerstände in einer Situation auch sein mögen; ganz gleich, wie viele Probleme im Zusammenhang mit einem Vorhaben auch zum Vorschein kommen – mit einem ausgeprägten Durchhaltevermögen gelingt auf lange Sicht tatsächlich fast alles. Wenn nicht heute, dann eben morgen. Und wenn nicht morgen, dann eben übermorgen.

So einfach ist das. Theoretisch.

Aber in Wirklichkeit ist das Durchhalten natürlich die schwierigste Aufgabe. Die Sorgen sind der Gegenspieler des Durchhaltens. Um durchzuhalten, müssen Sie also Ihre Sorgen und Befürchtungen reduzieren.

Sie müssen sie im Griff haben.

Sorgen und Befürchtungen hat jeder. Sie sind für gewöhnlich die einzigen wirklichen Auslöser dafür, alles hinzuschmeißen – und nicht etwa die Arbeit an sich. Ich kann aus eigener Erfahrung sagen: Nichts, aber auch gar nichts kann einen so lähmen wie die Angst. Die Angst davor, dass etwas Unangenehmes oder Bedrohliches passiert.

In der Aufbauphase von mobiheat hatten einige Mitarbeiter begonnen, sich unentbehrlich zu machen. Mit ihrem unglaublichen Einsatz wurden jede Menge Aufträge erledigt – was ja grundsätzlich sehr gut war für die Firma. Nur: Wir waren schlicht und ergreifend diesen Mitarbeitern ausgeliefert. Meine Sorge wuchs also. Wenn genau diese Leute das Unternehmen verlassen würden, könnte die mobiheat einen Großteil der wichtigsten Kunden für eine Zeit nicht mehr so bedienen, wie es nötig wäre, dachte ich. Sie können sich schon denken, was passiert ist: Genau das.

Aufgrund unterschiedlicher Meinungen mit sogenannten unersetzlichen Mitarbeitern trennten sich Mitte 2011, an einem Samstag, unsere Wege. So entstand mit einem Schlag oben beschriebenes Problem. Im ersten Moment ist man natürlich geschockt und hat auch nicht sofort eine Lösung für die Zukunft parat, aber irgendwie fühlt es sich auch gut an. Endlich ist Klarheit da, auch wenn man das Problem noch nicht gelöst hat.

Nach dem Vorfall ging ich erst mal spazieren. Eine große Runde um den Kissinger Weitmannsee. Ich führte mit zwei, drei mobiheat-Kollegen Telefongespräche und besprach die Lage mit ihnen. Danach informierte ich die komplette mobiheat-Belegschaft und wir vereinbarten, dass wir uns alle am Sonntag bei mobiheat trafen und dass wir dann dort gemeinsam unser Problem besprechen werden und gemeinsam dafür eine Lösung finden werden. Zusammen mit dem damals noch kleinen Team bekamen wir eine Lösung hin und die mobiheat-Welt drehte sich wieder wie gewohnt weiter.

Also: Warten Sie nicht. Sondern handeln Sie sofort. Achten Sie in Sorgenzeiten auf etwaige Chancen und Gestaltungsmöglichkeiten, die sich eventuell dadurch bieten. Treffen Sie Entscheidungen. Die beste Waffe gegen Sorgen waren und sind: Taten! Nichts hilft so nachhaltig! Handeln Sie also schnell, noch bevor Ihnen die Sorgen den Schlaf rauben. Es ist ähnlich wie beim Sport – sobald man das Spiel beginnt, ist die Nervosität verflogen. Je länger man jedoch das Handeln aufschiebt, desto größer werden die Sorgen.

Sorgen haben also etwas Positives an sich: Sie sind ein kostenloses Frühwarnsystem. Man muss sie nur nutzen.

*Um Lösungen zu finden, hilft oft ein Spaziergang.*

# Freiheit

Als Unternehmer benötigt man immer wieder neue Reize. Denn für den langfristigen Erfolg braucht es eine gewisse Spannung. Als Unternehmer und Mensch möchte man doch immer wieder etwas Neues erleben. Also sollte man immer wieder darüber nachdenken, wie sich das Unternehmen weiterentwickeln kann und wie man selbst eine Weiterentwicklung erfahren kann, um den Spaß an der Sache und an der Firma aufrecht zu erhalten.

Wir haben uns zum Beispiel 2015 dazu entschieden, Anteile der Gesellschaft an einen Konzern zu verkaufen, um eine gewisse Unabhängigkeit und Sicherheit zu bekommen.

Unter Unabhängigkeit verstehe ich unter anderem eine Freiheit für uns Gründer. Ab diesem Zeitpunkt hätten wir als Geschäftsführer auch aufhören können – wenn wir es denn gewollt hätten. Doch allein schon dieses „Können" verleiht einem Kraft und Energie für die Zukunft. Diese Freiheit hat bei uns sogar dazu geführt, dass wir Gründer unsere Geschäftsführer-verträge vorzeitig bis 2025 verlängert haben.

Mit der Sicherheit kommt auch ein Stück weit Normalität. Sie tut dem Unternehmen und den Mitarbeitern nach so einem emotionalen Unternehmensaufbau wie dem unseren gut. Natürlich erst, wenn man den Mitarbeitern die Sorgen und Ängste vor einer solchen Aktion genommen hat.

Wir haben dadurch auch eine gewisse Sicherheit für das Unternehmen geschaffen, und zwar ganz unabhängig von uns. Wir wollten mit dem Unternehmen kein Lebenswerk erschaffen, das uns bis ins Grab beschäftigt, und auch keinen Familienbetrieb. Den Kolleginnen und Kollegen konnten wir also mit dem Verkauf auch eine gewisse Freiheit schenken: eine Unabhängigkeit von uns Gründern.

Für unsere Unternehmensgeschichte hat dieser Schritt als neuer Reiz zu unserer Gesamtgeschichte perfekt gepasst. Aber eines sollte man bei dem Schritt nicht vergessen: auch eine solche neue Gesellschaf-ter-Partnerschaft muss mit Überzeugung gelebt wer-den, und auch dafür muss man wieder hart arbeiten und kämpfen.

# Kritikfähigkeit

Kritik ist wichtig. Kritik wird immer aufkommen, wenn Sie eine neue Idee haben. Am besten ist es, wenn Sie einen Kreis engster Vertrauter haben, denen Sie neue Ideen vortragen können, und deren Kritik Sie wertschätzen können. Eines ist dabei wichtig: Sie müssen Ihren Vertrauten die Chance oder besser gesagt die Freiheit geben, sich offen und ehrlich äußern zu können.

Meine engsten Vertrauten bei mobiheat sind auch meine Freunde. Ich denke, um erfolgreich zu sein, muss man mit gegenseitiger Kritik umgehen können, ohne nachtragend zu sein. Sonst ist ein Ende der Gemeinsamkeit irgendwann mit Sicherheit erreicht. Beispiele dazu gibt es genug. Ein zu großes Ego kann sehr viel zerstören.

Nach meinen ersten Erfahrungen mit Kritik fing ich an, sie einfach mit einzuplanen. Das ist ganz einfach: Was Sie auch tun, was Sie auch sagen, was Sie auch leisten – es wird sich immer jemand finden, der Ihnen erklärt, was Sie anders oder besser hätten machen können. Also ist es doch viel klüger, sich darauf vorzubereiten. Sich darauf einzustellen. Je weniger ich von Kritik überrumpelt wurde, desto gelassener habe ich darauf reagiert, und desto besser ist es mir gelungen, zwischen einem dummen Spruch und einem klugen Rat zu unterscheiden.

Denn offenbar geht uns Menschen Kritik sehr leicht über die Lippen. Und so ist der eine oder andere kritische Spruch einfach unüberlegt und somit nicht hilfreich. Doch das bedeutet noch lange nicht, dass jede kritische Bemerkung falsch ist. Lassen Sie jede Kritik erst einmal ganz ruhig auf sich wirken. In unserem Buch „Einfach machen" raten wir: „Akzeptieren, damit was vorangeht." Also: Akzeptieren Sie, dass die anderen das Recht haben, ihre Meinung zu sagen. Haken Sie aber unberechtigte, übertriebene oder verletzende Kritik einfach ab.

Und: Bleiben Sie cool. Bleiben Sie immer höflich. Mit einem höflichen Verhalten innerhalb kritischer Diskussionen nehmen Sie den meisten Angreifern schnell den Wind aus den Segeln.

In der Zwischenzeit ist es uns bei mobiheat sogar gelungen, dass wir uns in diesem engen Vertrautenkreis sogar gerne kritisieren. Denn wir haben gemeinsam mit den Jahren gemerkt: Wenn wir mit uns selbst härter ins Gericht gehen, entsteht eine unglaubliche

Motivation für die Sache. Dieses Vorgehen ist natürlich anstrengend, aber es lohnt sich. Bei mobiheat sind dadurch tolle und erfolgreiche Produkte entstanden.

Perfekte Ideen gibt es nicht. Entwickeln Sie eine Bereitschaft zu Kompromissen und Zwischenlösungen. Besser ist es immer, viele kleine Schritte zu machen, als auf den einen Riesenschritt in der Zukunft zu warten. Oft zeigt sich im Rückblick, dass gerade der vermeintliche Kompromiss in Wahrheit die ideale Lösung war.

# Geduld

Wenn man so ein Buch schreibt, mit einem Blick zurück in die Vergangenheit, erzählt man logischerweise davon, was einem damals wichtig war. Bisher habe ich viel über Motivation, Überzeugungen, über schnelle Entscheidungen geschrieben – alles Dinge, die mich damals beschäftigt haben.

Doch wir haben die mobiheat im Jahr 2004 gegründet. Beim Unternehmensaufbau war ich Ende zwanzig. Heute bin ich 43 Jahre alt.

Eines kann ich Ihnen mit Sicherheit sagen: Wenn ich wieder so alt wäre wie damals, dann würde ich alles genauso wieder machen. Ich denke, alle Handlungen passen auch zu einem gewissen Alter, und zu dem Wissensstand in genau diesem Alter.

Doch aus meiner jetzigen Perspektive sehe ich alles ein wenig anders. Ich weiß nicht, ob ich heute bei einem Unternehmensaufbau alles genau gleich machen würde. Denn man wird mit dem Alter auch erfahrener.

Und so komme ich noch auf einen Punkt, der aus meiner Sicht für die eigene Langfristigkeit und für die eigene persönliche Zufriedenheit von entscheidender Bedeutung ist: Geduld.

Als Unternehmer bekommt man unglaublich tolle Momente geschenkt. Etwa, wenn man spürt, dass man etwas schafft für die Gesellschaft. Man schafft Arbeitsplätze, man schafft Freude, man schafft Gemeinsamkeit. Allein wegen dieser Gefühle möchte ich das Unternehmerleben nicht mehr missen. Aber wenn man etwas schaffen will, muss man auch bereit sein, mehr zu tun als andere. Als Unternehmer muss man ständig handeln. Dadurch passiert eine Menge. Und dadurch entsteht in einem selbst eine immer größer werdende Ungeduld.

Diese Ungeduld ist für eine gewisse Zeit, vielleicht fünf bis zehn Jahre, ein sehr guter Antrieb für den Aufbau eines Unternehmens. Die Ungeduld passt zu den jungen wilden Jahren eines Unternehmers. Aber auf Dauer ist Ungeduld gar nicht gut. Wer sie auf Dauer am Halse hat, verliert ein Stück weit Zufriedenheit. Sie führt nicht nur zu Nervosität und Hektik, sondern auch zu Frust und Fehlern.

Auf lange Sicht schafft man sich durch Unge-duld ein Problem nach dem anderen. Man wird unruhig und unzufrieden. Zum Beispiel geht man in eine Offensive, obwohl man nicht ausreichend vorbereitet ist. Man versäumt es immer öfter, über die Notwendigkeit und Sinnhaftigkeit seines Handelns nachzudenken. Man macht Schnellschüsse, die nichts mehr mit einer schnellen Entscheidung, wie oben beschrieben, zu tun haben. Man wählt Abkürzungen, die sich danach als Umwege erweisen. Fehler häufen sich, weil Dinge übersehen werden, Probleme nicht bedacht oder zu oberflächlich angegangen wurden.

Manchmal denke ich, ein großer Teil dessen, was in Unternehmen schiefgeht, ist auf nichts anderes zurückzuführen als auf Ungeduld. Nur die Geduld liefert einem die innere Ruhe, die man braucht, um sich auch langfristig als Unternehmer wohl zu fühlen und sich dadurch die Lebensqualität zu erhalten. Meine Empfehlung daher: Fangen Sie nach einiger Zeit an, Ihre Geduld zu trainieren.

Und wie trainiert man Geduld? Das werde ich meistens nach diesem Ratschlag gefragt. Um ehrlich zu sein, ich kann es Ihnen gar nicht genau sagen. Wahrscheinlich deswegen, weil ich selbst gerade mittendrin stecke, und erst seit ein paar Jahren versuche, meine Geduld täglich zu trainieren. Aber aus meiner bisher antrainierten Geduld heraus kann ich auf jeden Fall sagen: Wer geduldiger wird, ist auch gelassener.

Man hat dadurch eine bessere Vorstellung davon,

wie viel Zeit ein bestimmtes Vorhaben in Anspruch nehmen darf. Dadurch behält man auch seine Standhaftigkeit und das langfristige Durchhaltevermögen, um seine Ziele auch weit über die ersten Jahre des Unternehmensaufbaus weiter fokussiert zu verfolgen.

# EPILOG

Tipps und Ratschläge zum Unternehmensaufbau können Ihnen sicherlich für Ihre eigene Existenzgründung oder für Ihr eigenes Unternehmerleben hilfreich sein. Mir haben jedenfalls die Bücher anderer Unternehmer sehr geholfen.

Aber eines fehlte mir oft in diesen Büchern: Der wirkliche Ursprung für den späteren Unternehmensstart. Ich meine damit nicht den kindlichen Traum, den auch ich hatte, sondern den klaren Entschluss, etwas in seinem Leben zu ändern und eben eine eigene Firma zu starten.

Wir gründeten, wie schon erwähnt, die mobiheat GmbH bereits im Jahr 2004. Aber zu diesem Zeitpunkt war es mehr ein kleines Spiel nebenbei. Mein Gründungspartner Helmut hatte noch seinen Handwerksbetrieb, in den er um die Jahrtausendwende eingestiegen war, und er war damit mehr als beschäftigt. Ich selbst war auch noch Angestellter bei Buderus und hatte eigentlich einen gutbezahlten und sicheren Job. So betrieben wir die mobiheat nur nebenbei, ohne wirklich großen Einsatz. Einfach nur, um gemeinsam etwas zu machen und gemeinsam Spaß zu haben. Aber ein wirklicher Unternehmensstart war das sicherlich nicht.

Ein wirklicher Entschluss hat etwas Grundlegendes an sich. So nach dem Motto: „Jetzt ändert sich mein Leben komplett, wenn ich das wirklich mit Haut und Haaren mache." Also war 2004 sicherlich nicht der wirkliche Ursprung der mobiheat GmbH. Ich glaube, unser unternehmerisches mobiheat-Dasein zu dieser Zeit hätte auch gut wieder im Sande verlaufen können, und Helmut und ich hätten einfach in unseren bisherigen Jobs so weitergemacht wie gehabt.

*v.l.n.r. Andreas und Helmut: die Gründer der mobiheat GmbH.*

Im Jahr 2006 feierte Deutschland sein Fußball-Sommermärchen. Deutschland lachte und feierte und die Sonne strahlte um die Wette. Meine Freundin Margot und ich sahen uns auch einige Weltmeisterschaftsspiele live im Stadion an. Ein tolles Erlebnis für uns. Danach, Ende Juni 2006, flogen wir in unseren jährlichen Sommerurlaub. Damals zog es uns meist in die Sonne und an das Meer. Jenen Sommer flogen wir auf die Insel Mykonos, nach Griechenland. Zu diesem Zeitpunkt war ich schon knapp 10 Jahre bei Buderus, und Margot war seit einigen Jahren in einem weltweit aufgestellten Automobilkonzern im Bereich Controlling/Rechnungswesen tätig. Eigentlich klang alles perfekt. Wir hatten gute Jobs und beide verdienten wir sehr gutes und sicheres Geld, wir konnten wirklich ein gutes und unbeschwertes Leben führen.

Trotz des Sommermärchens und Traumsommer in Deutschland kamen wir aber kreidebleich auf Mykonos an. Neben unserem kaputten Erscheinungsbild waren wir in diesem Urlaub auch noch antriebslos. Klar: Im Urlaub entspannten wir uns von der Arbeit. Weil es ein Großteil der Menschheit in Deutschland genauso macht, hatten wir uns die Jahre davor auch nicht groß etwas dabei gedacht. Aber in diesem Urlaub war alles anders.

Wir hielten uns die meiste Zeit in der Hotelanlage und am dazugehörigen Strand auf. Wir unternahmen relativ wenig bis gar nichts. Margot verbrachte in unseren Urlauben immer viel Zeit mit lesen. Ich selbst hatte zuvor immer besseres zu tun gehabt, und lesen war eigentlich nicht so meins, zumindest bis zu diesem Urlaub. Doch da wir ja nicht viel unternahmen, fing auch ich an, in Büchern zu blättern. In der hoteleigenen Bücherei holte ich mir Strandlektüre. Da durch die Weltmeisterschaft in Deutschland Fußball das beherrschende Thema war, fing ich an, Biografien über Fußballspieler zu lesen. Es machte wirklich Spaß, am Strand zu lesen. Ich holte mir immer mehr Bücher aus der Hotelbibliothek. Es ging weiter mit Business- und Lebensbüchern. Ich schaffte in diesen 14 Tagen bestimmt sieben oder acht Bücher.

Währenddessen wurde mir klar: Obwohl ich bei Buderus so engagiert arbeitete, als ob es mein eigenes Unternehmen wäre, war ich nicht mehr glücklich mit meiner Situation. Nein: Ich rettete ich mich in Wirklichkeit irgendwie von Urlaub zu Urlaub.

Margot ging es ähnlich. Wir fingen an, über unser gemeinsames Leben zu sprechen. Darüber, wie es denn zukünftig aussehen sollte, was wir beruflich noch alles vorhatten, und über große Themen wie Heirat, Kinder und so weiter – ein gemeinsames Haus hatten wir zu diesem Zeitpunkt schon.

In diesem Urlaub, in den wir so kaputt einstiegen, legten wir für unser Leben danach vieles fest. Wir wollten vieles verändern, oder, besser ausgedrückt: Wir wollten jetzt gemeinsam richtig durchstarten und Risiken eingehen, um das Leben wieder wirklich zu spüren. Ein Leben mit guten, sicheren Jobs und einem guten Gehalt, eben ein gutes geplantes und auch unaufgeregtes Leben ohne wirklich spürbaren Höhen und Tiefen war nichts mehr für uns. Sich Jahr für Jahr einen tollen Urlaub zu gönnen und diesen zu nutzen, um wieder Lebenspower zu bekommen – damit sollte nun Schluss sein.

Deutschland verlor das Halbfinale an unserem letzten Abend auf Mykonos am 4. Juli 2006 mit 0:2 in der Verlängerung, und wurde somit leider nicht Weltmeister im eigenen Land. Das war natürlich ein bisschen schade. Auch, dass wir am nächsten Tag wieder nach Hause fliegen mussten und der damalige Alltag auf uns wartete. Aber irgendwie fühlte sich unser Rückflug trotzdem glückselig an. Denn tief in uns spürten wir, dass sich unser Leben ändern würde und eine spannende Zukunft auf uns wartete.

Ein knappes halbes Jahr später machte ich meiner Freundin Margot zu Weihnachten einen Heiratsantrag. Im Frühjahr wurde Margot schwanger. Und ich kündigte meinen Job bei Buderus. Dann fragte ich meinen Gründungspartner Helmut, ob er glaube, dass man von mobiheat leben könne. Er sagte: „Ich glaube schon." Diese Antwort genügte mir, obwohl mir schon klar war, dass man so etwas ja nicht wissen kann. Aber für mich reichte es aus, um zu handeln.

Dies war für mich der wirkliche Ursprung der mobiheat GmbH.

Am 30. Juni 2007, ein Jahr nach unserem Mykonos-Urlaub, heirateten Margot und ich. Wir hatten eine tolle Hochzeitparty in unserem Garten, bei 30 Grad Sonnenschein. Bei dieser Hochzeitsparty waren schon viele Freunde dabei, die später entscheidend die Zukunft von mobiheat mitgestaltet haben und es auch heute noch tun. Bei Helmut, meinem mobiheat-Partner, veränderte sich in dieser Zeit auch sehr viel in seinem Leben (was nur er selbst erzählen kann) – was aber vom Timing her perfekt passte. Ab 2007 starteten wir mit der mobiheat also richtig durch.

Meine Frau Margot ging Ende 2007 in Mutterschutz, und kündigte danach ebenfalls ihren sicheren und gutbezahlten Job. Sie brachte mir dann noch ein bisschen tieferes betriebswirtschaftliches Wissen bei. Heute ist sie eine erfolgreiche Krimi-Schriftstellerin.

So war das also.

Bilder sagen mehr als Worte und dann ist auch gut. Bis zum vielleicht nächsten Buch von mir oder uns. Ein gemeinsames Buch, mit meinen mobiheat-Freunden zusammen, würde ich gerne noch mal machen.

# Griechenland 2006

*Ankunft Flughafen Mykonos: Andreas und Margot kreide-
bleich und antriebslos.*

*Erster Abend – Energie sieht
anders aus.*

Frühstück, dort fingen die Zukunftsgespräche von Andreas und Margot schon an. Diese Gespräche gingen bis in den späten Abend hinein.

*Beim Lesen am Strand.*

*links: Letzter Tag am Strand – Energie zurück.*

*unten: Der Rückflug von Mykonos nach München.*

# Hochzeit 2007

*links:*
*Roland Meisl,*
*Prokurist und*
*Personalleiter*
*bei mobiheat.*

*links und oben: Wolfgang Sonntag, Prokurist und Bereichsleiter bei mobiheat.*

*rechts:*
*Rainer Schübl,*
*Steuerberater der*
*mobiheat GmbH*
*und*
*Alexander Reit-*
*meier, Haus- und*
*Hofarchitekt der*
*mobiheat.*

„Das ist für mich kein Wunder. Es war einfach eine groß-
artige Leistung einer großartigen Mannschaft, die dabei
auch noch viel Glück gehabt hat."
Hans Schäfer

ENDE

Ein weiteres Buch zu der verrückten Unternehmensgeschichte der mobiheat GmbH.

ISBN: 978-3981859003
1.Auflage 2017, Augsburg
3 H group GmbH
URL: www.3h-verlag.de

Autor

Name: Andreas Lutzenberger
Geburtsjahr: 1975
Sternzeichen: Wassermann
Kindheit: aufgewachsen als jüngstes Kind in einer
Großfamilie
Grundschule: 1981 bis 1985
Hauptschule: 1985 bis 1990
Ausbildung: 1990 bis 1993 Groß- und Außen-
handelskaufmann bei Richter + Frenzel Augsburg
Weiterbildung: 1994/95 Handelsfachwirt IHK,
1998/99 Betriebswirt IHK
Beruflicher Werdegang: 1993 bis 1997 Verkauf
Innendienst bei Richter + Frenzel, 1997 bis 2007
Innendienstleiter bei Buderus Heiztechnik Augsburg
(BOSCH)
Selbstständigkeit: seit 2004 mobiheat Gründer und
Geschäftsführer, seit 2013 3H-group Gründer und
Geschäftsführer